精准扶贫丛书
种养致富系列

小龙虾养殖
致富图解

施 军 王大鹏 主编

广西科学技术出版社

图书在版编目（CIP）数据

小龙虾养殖致富图解 / 施军，王大鹏主编. —南宁：广西科学技术出版社，2018.12（2020.4重印）

ISBN 978-7-5551-1077-4

Ⅰ.①小… Ⅱ.①施… ②王… Ⅲ.①龙虾科—淡水养殖—图解 Ⅳ.①S966.12-64

中国版本图书馆CIP数据核字（2018）第266809号

小龙虾养殖致富图解

施 军 王大鹏 主编

责任编辑：黎志海 张 珂	封面设计：梁 良
责任印制：韦文印	责任校对：夏晓雯

出 版 人：卢培钊

出版发行：广西科学技术出版社　　社　　址：广西南宁市东葛路66号

邮政编码：530023　　网　　址：http://www.gxkjs.com

经　　销：全国各地新华书店

印　　刷：广西壮族自治区地质印刷厂

地　　址：南宁市青秀区建政东路88号　　邮政编码：530023

开　　本：787mm×1092mm　1/16

印　　张：4.75　　字　　数：60千字

印　　次：2020年4月第1版第5次印刷

书　　号：ISBN 978-7-5551-1077-4

定　　价：22.00元

目 录

概　述

　　小龙虾学名克氏原螯虾，1918年从美国引入日本，1929年从日本引入中国，现基本遍布中国各省（自治区、直辖市）。2016年起广西逐渐兴起养殖小龙虾，目前在南宁、柳州、来宾、百色、河池、贵港等地均有养殖，主要养殖模式有池塘养殖和稻田养殖，几百平方米至几十亩*的水面均可养殖。

池塘养殖小龙虾

池塘养殖小龙虾

　　注：亩为非法定计量单位，但为方便阅读理解，本书的计量单位仍用亩。1亩≈666.7平方米，1公顷=15亩。

稻田养殖小龙虾

稻田养殖小龙虾

稻田养殖小龙虾

小龙虾肉质鲜美，蛋白质含量高，脂肪含量低。近年来，小龙虾消费量呈指数级增长，是餐饮行业的爆款单品，虾壳也可用于生产甲壳素、氨基酸、活性钙、壳聚糖、高密度壳聚糖、壳寡糖、蛋白质、虾青素等。2017年11月至2018年4月，广西小龙虾塘边价格超过120元/千克，5～6月的低谷期价格也超过60元/千克，市场供不应求。

　　目前，小龙虾养殖最集中的是湖北、安徽、江苏3省，但受气候限制，每年越冬期即11月至翌年3月是小龙虾供应的空白期，市场空缺严重。而广西属亚热带气候区，降水充沛，日照充足，雨热同季，一年可养殖2～3季小龙虾，且越冬期短，可以实现反季节养殖，弥补小龙虾产业发展的短板，养殖前景广阔。

广西创新驱动发展专项项目示范基地

创建单位： 广西壮族自治区水产科学研究院、广西五关生态农业有限公司、广西壮族自治区农业科学院水稻研究所

项目名称： 克氏原螯虾稻田生态种养关键技术研究与示范、克氏原螯虾优质苗种规模化繁育关键技术研究与示范

示范目标： 实现一年养殖三季小龙虾，种植一季水稻，年亩产小龙虾200kg以上，年供苗量达到300万尾以上。

技术路线： 重点示范在广西环境气候特点下的小龙虾稻田综合种养模式、种虾培育和苗种繁育技术，形成优质、安全、高效、生态的小龙虾稻田生态养殖技术。规模化培育优质苗种，促进我区克氏原螯虾产业化发展。促进科技成果转化和农业增效、农民增收、农村发展。示范要点包括：

　　（1）因地制宜将稻田小改大为面积15亩左右的养殖单元，开挖环形围沟和田间沟，做好防逃设施，围沟设增氧机造流增氧；

　　（2）引进优质小龙虾苗种，实现苗种本地化供应，并逐步开展适宜广西环境的小龙虾选育；

　　（3）田中种植耐肥、抗倒伏稻种，施足基肥（有机肥），围沟移栽水草；

　　（4）适时放苗，放养合理密度，饲养管理、水质调控、病害防治。

实施人员： 王大鹏、唐章生、石景财、曾华忠等。

小龙虾养殖示范

小龙虾养殖示范

小龙虾养殖示范基地

小龙虾养殖示范基地

　　小龙虾寿命一般为2年，少数个体为3～4年。在人工养殖条件下，3个月即可长成商品虾，体长达8～14厘米，体重达20～60克。小龙虾喜欢生活在水草丰富的水域，在浅水区土坡上营造洞穴栖息和繁殖。最适生长水温为15～28℃，一般水温低于8℃或高于35℃时小龙虾就会进入洞穴躲避不良环境。洞穴一般在水位线上5～60厘米的斜坡上，接近垂直向下，至洞穴内温度适宜为止，最深可达1米以上。1个洞穴内一般有小龙虾1雌1雄或2雌1雄。小龙虾耐低氧，窒息点为水中氧气含量0.4毫克/升，还可直接呼吸空气中的氧气。适宜生长的水体pH值为7.5～8.2。小龙虾为杂食性，可以投喂人工配合饲料、杂鱼、禽畜下脚料及煮熟或浸泡过的黄豆、玉米，也可投喂豆粕、花生麸。水体中的沉水植物、大型枝角类动物、水蚯蚓、螺等也是小龙虾的摄食对象。小龙虾有自残习性，不适宜高密度养殖。

第一章　品种的选择与来源

一、品种

同龄雄虾个体略大于雌虾，雄虾第五步足基部有2对白色交接器，雌虾则为2个椭圆形纳精囊。小龙虾性成熟后，雄虾的大螯比雌虾的粗壮，攻击性更强。

雄虾

交接器

雄虾

雌虾

纳精囊

雌虾

8

二、来源

小龙虾养殖可投放亲虾，也可投放虾苗。亲虾应从养殖场和天然水域挑选，虾苗可从养殖场购买或自繁。亲虾和虾苗的引进均应遵循就近原则，运输时间在5小时以下为宜，20小时以上长途运输成活率低于50%。

亲虾运输

亲虾、虾苗运输筐

第二章　养殖模式

一、池塘养殖

（一）池塘选择与改造

1. 池塘条件、面积与水源

小龙虾养殖池塘要求水源充足，尤其在秋冬季更要保证水源充足。池塘的形状无特殊要求，面积以10亩左右最佳，水深可控制在0.5~1.2米，塘底淤泥以壤土最佳，厚度应小于15厘米。池塘要求排灌方便，宜以山塘、水库、溪流、江河等不受污染的水体作为水源。

水库

渠水

溪流

2. 池塘建设（改造）

塘基上设防逃网，防逃网可用网片、塑料薄膜、玻璃钢瓦、钙塑板等，埋入泥土20厘米，露出地面部分高40厘米，每隔1.5米左右用木桩固定。

防逃网

防逃网

池塘中可堆砌一些土堆，以增加小龙虾打洞的空间。

虾塘中的土堆

虾塘中的土堆

虾塘中的土堆

虾塘中的小龙虾暂养箱和土堆

进水、排水应高灌低排，进水管套60目滤网袋。

进水口

排水口

排水口

排水口

（二）放养前的准备

1. 清塘消毒

排水口

水草种植前10～15天用生石灰清塘，每亩用量为75～100千克。清塘时留水深10厘米，将生石灰化浆后全塘泼洒。

福寿螺、黄鳝较多的或留存有小龙虾和水草的池塘，每亩可用25～40千克茶麸清塘。

茶麸用法：按池塘面积以每亩25～40千克茶麸，加5％大苏打水（硫代硫酸钠溶液）浸泡2～3天，取浸出液兑水全塘泼洒。需要肥水的也可直接干撒茶麸。

生石灰

茶麸

2. 水生植物栽培

　　广西最适宜种植的水草为耐高温的轮叶黑藻，小龙虾养殖可套种一些苦草、金鱼藻、水花生、绿狐尾藻、茭白等。轮叶黑藻、苦草等沉水植物既是小龙虾的隐蔽物，也是食物，成行种植在池塘浅滩上，间距3米左右。水花生、绿狐尾藻等主要起遮阳和隐蔽作用，沿池塘四周种植。水草覆盖率一般为池塘面积的60%。种植轮叶黑藻一般采用插栽法，剪成8～15厘米的段插栽，前期水深15～20厘米，随着水草生长加深水位。

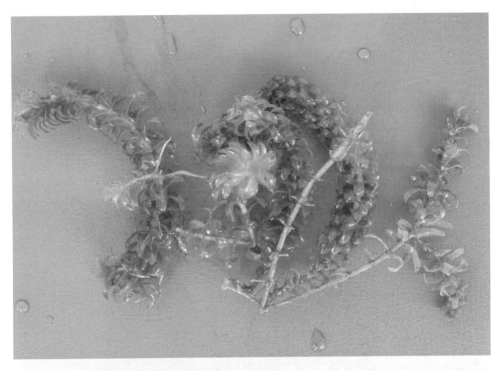

轮叶黑藻

苦草

水花生

茭白

绿狐尾藻

水草种植

水草种植

（三）亲虾与虾苗投放

1. 亲虾投放

亲虾的选择标准：

①体表暗红色或深红色，有光泽，光滑无附着物。

②个体大，雌、雄虾个体单重均在35克以上。

③附肢齐全，体格健壮，活动能力强。

亲虾（雄虾）

亲虾（雄虾）

亲虾（雌虾）

亲虾一般按雌、雄比（2～3）：1投放，10月以后投放可不放雄虾。一般放养量为30～40千克/亩；直接投放抱卵虾的，每亩投放不超过20千克。抱卵虾只能短途带水运输。

2. 虾苗投放

虾苗投放量一般为0.6万～1.0万尾/亩。小龙虾虾苗每500克有60～100尾，按投放密度估算购买重量即可。

小龙虾苗

小龙虾苗

3. 投放前处理

长途运输的亲虾或虾苗，投放时应先将其装在虾筐，浸入池塘2~3次，每次1~2分钟，使虾适应池塘水温。小龙虾投放时无须消毒或用维生素等抗应激药物浸泡。

亲虾运输

亲虾运输

亲虾入塘

亲虾入塘

在池塘中用水葫芦代替未长起的水草

（四）饲养管理

1. 投喂

投喂量一般为虾体重的3%～5%，亲虾或抱卵虾投放野杂鱼等优质饲料以加强营养，其他阶段可投喂颗粒饲料或黄豆、玉米、豆粕等。天气晴好、池塘中断草多时多投，天气闷热、低温或高温季节少投。投喂时间以傍晚为宜，投喂方式为全塘泼撒。

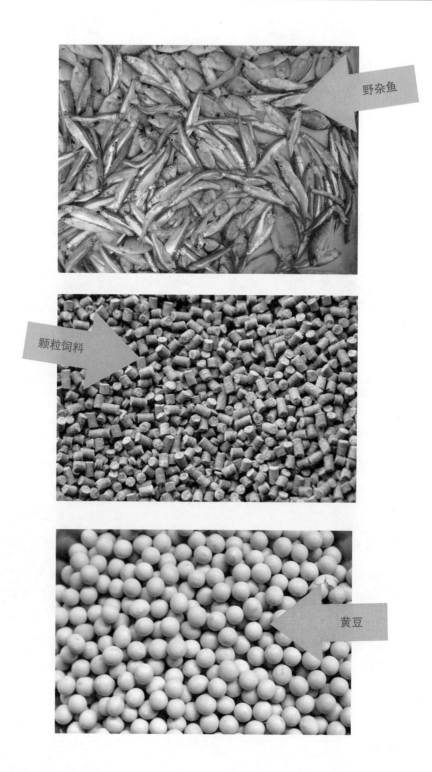

野杂鱼

颗粒饲料

黄豆

玉米

豆粕

2. 水质调节

防止虾塘进水时受到菊酯或有机磷农药污染。池塘保持微流水最佳,至少10天左右加新水1次,加水量为水深度增加10~20厘米。高温季节注意加水降温。

水中溶氧量应保持在4毫克/升以上,若发现小龙虾大量爬上水草,表明水体缺氧,应及时泼洒增氧药物或打开增氧机增氧。

增氧机

增氧机

水体pH值过低时可每亩用生石灰5千克化水全塘泼洒调节。

每月泼洒1次EM菌原液（EM菌是以光合细菌、乳酸菌、酵母菌和放线菌为主的10个属80余种微生物复合而成的一种微生物活菌制剂），用量为5～10毫克/升，泼洒后10天内不要使用消毒药剂。

3. 日常管理

每天巡塘，重点检查围栏防止小龙虾逃跑，检查进水口滤网袋是否脱落或堵塞，清除福寿螺和卵块。若发现鼠洞，应及时下鼠夹灭鼠。

EM菌原液

防逃设施

防逃设施

　　水草生长过快时，可用割草机割除水草，保持水草高度在水下20厘米，防止水草露出水面后腐烂而影响水质。

4. 疾病防治

　　①纤毛虫病可用虾蟹甲壳净防治，每亩用量为150~250克，全塘泼洒。

　　②细菌病泼洒聚维酮碘防治，浓度为0.3~0.5毫克/升（500毫升聚维酮碘在水深1米的情况下可泼洒1~2亩）。

　　③小龙虾体色发黑时表明蜕壳不良，应注意补钙（水深1米时每亩使用2.5千克磷酸二氢钙）和投喂配合饲料、杂鱼等动物性饲料加强营养。

（五）虾苗及商品虾捕捞

傍晚沿塘边放置虾笼或地笼捕虾，每隔4～10小时收获1次。高温季节注意及时收笼。

起捕后的小龙虾可用网箱暂养，网箱入水深度为50～60厘米，底部离塘底20厘米，顶端高出水面40～50厘米，网箱上边缘缝有20厘米高的塑料薄膜防止小龙虾逃跑。箱内投放一些漂浮水草。注意增氧。夏季暂养时间不超过2天。

捕虾

捕虾

虾笼捕获小龙虾

捕获的小龙虾

即将上市的小龙虾

达到商品规格的小龙虾

小龙虾暂养网箱

暂养网箱中的小龙虾

二、稻田养殖

（一）稻田选择与改造

1. 稻田条件、面积与水源

养殖小龙虾的稻田应水源充足，水质良好。周边无工业污水和农业污水污染，水源及进水渠道与周边稻田隔离，防止农药污染。

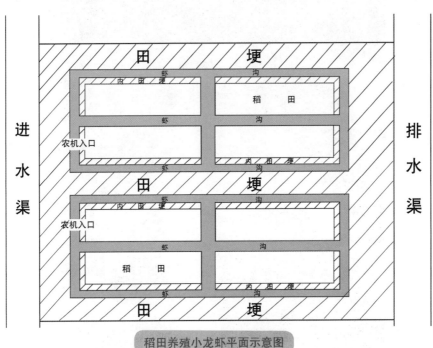

稻田养殖小龙虾平面示意图

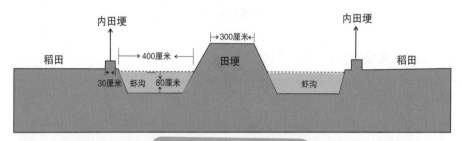

稻田养殖小龙虾剖面示意图

水渠

渠水

河水

水库水

> 广西稻田田块面积小，一般每块养虾稻田面积以10～20亩为宜，高差不超过20厘米。稻田养虾区以连片为最佳。

2. 田埂建设

> 田埂的作用主要是蓄水和防止小龙虾逃跑，主田埂兼具运输作用，因此田埂必须夯实。主田埂宽1.5米以上，高0.5米以上，坡比为1∶2.5。每块养虾稻田留有1～2个农机入口，用土堆成斜坡，可在斜坡下埋排水管，保证虾沟水流通畅。

开挖田埂、虾沟

田埂

田埂

田埂、排水沟

铺设排水管

进水口

进水渠、进水口

进水口

进水口

进水口

排水口

排水口

农机入口

农机入口

农机入口

3. 虾沟开挖

虾沟是小龙虾觅食、躲避高温的区域，尤其在水稻收割后、晒田时更是小龙虾的主要生活区域。一般采用环沟模式，沟宽1.5～2米、深0.5～0.8米。虾沟面积不应超过田块面积的10%。

虾沟

虾沟

田间开挖井字沟或田字沟，沟宽60厘米、深20~30厘米。

田间虾沟

虾沟挖出的泥土可在虾沟边堆一道30厘米高的内田埂，便于稻田蓄水。

内田埂

内田埂

4. 清沟消毒和水草栽培

稻田养殖模式的清沟消毒方法与池塘养殖模式相同。虾沟内栽种水草，广西宜选择轮叶黑藻，覆盖率为虾沟面积的60％。水草呈点状分布种植，每簇种植间距3米。

虾沟内栽种的水草

水草运输

虾沟内栽种的苦草

5. 防逃网安装

田埂上设防逃网。稻田养殖模式的防逃网材料和安装与池塘养殖模式相同。

防逃网

防逃网

6. 抱卵虾育苗塘

稻田养殖小龙虾达到一定的面积，最好在稻田边自建一定比例的抱卵虾育苗塘，以满足自身虾苗的供应，在减少运输成本的同时也可提高虾苗的成活率。

抱卵虾育苗塘

抱卵虾育苗塘

抱卵虾育苗塘

（二）水稻栽培管理与虾苗投放

1. 水稻栽培管理

养虾稻田水稻栽培一般以单季中稻为宜，水稻品种以叶片开张角度小，抗病虫害、抗倒伏且耐肥性强的紧穗型品种为佳。栽培时间根据品种生长期和当地气温、海拔确定。

适宜养虾稻田栽培的水稻

广西单季中稻播种时间

地区	播种时间
桂南	4月下旬至6月中下旬（一般是双季稻转变成单季中稻种植）播种
桂中	4月中旬至5月中旬播种
桂北	4月上旬至5月上旬播种

大田均匀施放各种肥料作基肥，然后旋耕平整，注水深5厘米后插秧。

施肥品种和施肥量（单位：千克/亩）

腐熟有机肥	过磷酸钙	复合肥（氮、磷、钾含量各为15%）
500~800	30~40	10

腐熟有机肥

插秧

　　稻田整理时，若田间还存有大量小龙虾，为了避免影响小龙虾，可采用以下方法：一是采用稻田免耕抛秧技术，即水稻栽培前稻田不经任何翻耕犁耙；二是利用内田埂将环沟和田面分隔开。

　　水稻栽培宜采用宽窄双行模式，宽双行行距60厘米，窄双行行距30厘米，株距均为20厘米，可提高边际效应，也可为小龙虾提供足够的活动空间。

水稻栽培方式

水稻栽培方式

水稻栽培方式

水稻栽培方式

水稻栽培方式

2. 虾苗投放

虾苗采购应遵循就近原则，每亩投放0.6万～1万尾（30～50千克），投放时尽量一次放足。

虾苗

虾苗投放

（三）饲养管理

1. 饲料与投喂

　　刚投放的虾苗个体较小，宜以颗粒饲料为主，辅以冰鲜鱼。养殖1个月后可用麸皮、豆粕、畜禽下脚料等配制成廉价饲料投喂。高温季节多投喂水草、南瓜等植物性饲料，水草不足时应及时补充。投喂量一般为虾苗总体重的3％，在傍晚投喂。

冰鲜鱼

水草

2. 巡田、敌害生物灭除

重点检查防逃设施是否完好，如有损坏应及时修补。观察水质变化和小龙虾的活动情况，发现小龙虾上岸要及时增氧或换水。

当小龙虾的捕食性敌害生物如罗非鱼、黄鳝、青蛙等水生敌害较多时，用茶麸或茶皂素等杀灭；老鼠、蛇等陆生敌害可用鼠笼、蛇笼引诱捕杀。

与小龙虾抢饵料的生物有鲫鱼、小杂鱼、福寿螺等，可用茶麸或茶皂素等产品定期杀灭；注意在每天巡田时捡拾福寿螺成螺，铲除附着在田埂或草茎上的红色卵块。

福寿螺卵块

3. 水质调节

虾田水体以溶解氧含量4毫克/升以上、pH值7.5～8.5、水温15～28℃为佳，透明度以30～50厘米为宜。微流水环境可有效提高小龙虾的产量和质量。

4. 疾病防治

小龙虾养殖期间无须使用除虫和除草的化学药物，宜采用及时换水的方式预防小龙虾疾病。

小龙虾上岸、上草主要是水质和底质变差引起的，可通过换水、增氧、泼洒EM菌原液等方法来改善。

小龙虾常见疾病的症状、病因和防治方法

病名	症状和病因	防治方法
烂鳃病	鳃丝变黑、腐烂；细菌感染	换水，每立方米水体用3克漂白粉消毒
甲壳溃疡病	甲壳出现斑点，溃烂；细菌感染	防止运输过程中挤压堆积，发病时每立方米水体用15～20克茶麸消毒
水霉病	虾体伤口处长满菌丝；水霉菌感染	运输过程中防止挤压堆积，可泼洒0.2～0.4毫升/升的水霉净溶液治疗

（四）田间管理

1. 水稻病虫害防治

使用太阳能灭虫灯诱杀害虫，减少农药使用量，尽量做到无害化防治病虫害。必要时选择低毒、高效、无残留农药防治穗颈瘟、稻曲病、枝梗瘟等细菌性水稻病，把病虫害控制在初发阶段。

太阳能灭虫灯

太阳能灭虫灯

2. 水田管理

　　秧苗移栽后，稻田保持20天2~3厘米浅水位，采用干湿交替管理，间歇灌溉，以水护苗、促蘖，以干促根，提高水稻抗倒伏能力。之后稻田水位可保持10~15厘米深。孕穗期适当日灌夜排，调节田间温度，减轻高温热害，提高稻田通风透气性，促进稻虾共生；抽穗期、扬花期保持20~30厘米深的水位；黄熟期适当降低水位。

（五）水稻收割与商品虾捕捞

1. 水稻收割

大田稻谷95％以上黄熟便可收获，收获后及时脱粒、晒干、入库。水稻留茬20厘米，注水20厘米深，以培养饵料生物，继续开展小龙虾养殖。

2. 商品虾捕捞

采用网目为2.5～3.0厘米的大网目地笼捕捞，以保证成虾被捕捞、幼虾能通过网眼跑掉。成虾规格每尾30克以上。开始捕捞时不需排水，直接将虾笼布放于稻田及虾沟之内（第二次捕捞只在虾沟内进行），隔几天转换一个位置。捕获量渐少时，将稻田中的水排出，使小龙虾落入虾沟内，再集中于虾沟中放笼，直至捕不到成虾为止。

虾沟里的捕虾笼

在稻田虾沟内捕虾

大网目地笼

小龙虾暂养箱